www.ingramcontent.com/pod-product-compliance
Lightning Source LLC
Chambersburg PA
CBHW070606220526
45467CB00003B/1329
* 9 7 8 1 7 1 7 9 5 4 5 9 6 *